RÉFLEXIONS

SUR

ET LA NÉCESSITÉ DE REVENIR

A LA CULTURE DU CHÊNE,

PAR M. PHELIPPE-BEAULIEUX,

PRÉSIDENT DE LA SECTION D'AGRICULTURE, DU COMMERCE ET DE L'INDUSTRIE,

De la Société Royale Académique de la Loire-Inférieure.

NANTES,
IMPRIMERIE DE M.me V.e CAMILLE MELLINET.

—

1845.

RÉFLEXIONS

SUR LE REBOISEMENT

ET LA NÉCESSITÉ DE REVENIR

A LA CULTURE DU CHÊNE,

PAR M. PHELIPPE-BEAULIEUX,

PRÉSIDENT DE LA SECTION D'AGRICULTURE, DU COMMERCE ET DE L'INDUSTRIE,

De la Société Royale Académique de la Loire-Inférieure.

Prima adolescentiâ patrem familiæ agrum conserere studiose oportet, ædificare diù cogitare oportet; conserere cogitare non oportet, sed facere oportet.

(*Marcus Porcius Cato*, *cap.* 3. de Re Rustica.)

Si les cultivateurs forestiers qui, dans le XVII.e siècle, se plaignaient du déboisement de la France (1), voyaient à quel point la destruction de nos bois et de

---

(1) Colbert effraya Louis XIV sur la destruction des bois et des forêts. D'après l'avis de son ministre, ce prince n'hésita point à

nos forêts a été portée dans les domaines privés, depuis cinquante ans (1), et surtout de nos jours, quels cris d'alarme ne jetteraient-ils point contre notre imprévoyance pour l'avenir?... D'un bout à l'autre de la France, du nord au midi, de l'est à l'ouest, en Bretagne, en ce département, partout la faulx de la destruction s'est fait sentir. Aux environs de Nantes, ont disparu la forêt Nantaise, la forêt de Brains, la forêt de Sautron, la forêt du Cellier, les forêts d'Ancenis, les futaies du Buron, du Thiemet, de la Hibaudière, de la Violaie, et une foule de belles futaies qui faisaient jadis l'ornement des châteaux, des maisons et des domaines d'une étendue de 100 à 1200 hectares.

Au milieu de cet abatis général, l'essence du chêne a été tellement détruite, que, si l'administration supérieure ne prend enfin des mesures de rigueur, cet arbre à l'état de futaies pleines deviendra fort rare en nos contrées, avant qu'il se soit écoulé quelques générations. Cette pénurie est si grande en ce moment, que,

---

rendre l'ordonnance de 1669. Cet acte, d'une haute importance, reconnaît que le désordre est devenu si universel et si invétéré, que le remède *paraît presque impossible.*

(1) Une foule d'observations d'un intérêt majeur furent, en 1795, adressées au *Comité d'Agriculture* de l'Assemblée Législative, sur la destruction des bois et des forêts de l'État et des particuliers, avant et pendant la révolution. En outre, elles furent adressées à plusieurs reprises, de l'an IV à l'an IX de la république, par 24 administrations départementales, et restèrent sans effet. Depuis, on a fait parvenir de nouvelles observations qui n'ont pas obtenu un meilleur résultat.

dans le département de la Loire Inférieure, qui compte 514,652 hectares 49 ares 38 centiares, les futaies de diverses essences n'occupent que 2,763 hectares 93 ares 83 centiares (1). Ce chiffre est bien mince pour un des cantons de la France autrefois le plus boisé. (Cet état si désastreux pour le sol forestier ne doit pas étonner : les propriétaires abattent les chênes en futaies pleines, et ne les remplacent point ; ou, s'ils sèment du gland, ils ne cultivent que des taillis aménagés à courte période.) Si, par une insouciance coupable, nos concitoyens continuaient de dédaigner cette culture, nous devons le dire, ils perdraient une source de richesses qui peut devenir intarissable pour le pays. Nul arbre pour son utilité ne peut remplacer cette essence. C'est avec un soin tout religieux qu'il a été cultivé chez tous les peuples et dans tous les pays. Chez les Grecs, le chêne était consacré à Jupiter, le plus puissant des dieux (2). Les historiens prétendaient que, dans la forêt de Dodone, il rendait des oracles. Les Romains montraient pour le chêne une vénération si grande, que les jeunes tiges de cet arbre servaient à tresser les couronnes civiques. La conservation et la reproduction des différentes essences étaient pour eux d'une si haute importance, qu'ils avaient

(1) *Essai sur la Statistique de la Loire-Inférieure en* 1843, par M. Neveu-Derotrie, membre de la Société Royale Académique, inspecteur d'agriculture du département.

(2) *Arbores fuere numinum templa, priscoque ritu, rura simplicia, etiam nunc.... et in ipsis silentia adorant.* (Pline, lib. xii.)

établi une administration particulière pour la conservation des bois et des forêts de leur vaste domination. Au temps de Jules César, cette charge était devenue si considérée, que ce grand homme en fut nommé le chef. Dans la Gaule, le chêne était dédié à Teutatès ; et, dans notre Armorique, c'était au fond des vastes forêts et au pied du chêne le plus beau (1) que les druides se réunissaient pour l'accomplissement des cérémonies de leur culte, et pour délibérer sur les affaires du pays. Cette vénération, envers un arbre si utile, s'est perpétuée par une longue tradition jusqu'au fond de nos communes rurales. Pendant les guerres civiles, dans l'Ouest, en 1793, les soldats républicains ont surpris fort souvent les paysans agenouillés au pied des chênes (2), à l'instant que le soleil paraissait sur l'horizon. Interrogés sur le motif de cet acte de respect et de vénération envers cet arbre, ceux-ci répondaient que Dieu protégeait cet arbre plus que les autres, et que leurs prières lui en devenaient plus agréables. Disciple de la religion du Christ, le paysan de la Bretagne conserve encore et mêle à ses pratiques religieuses celles que ses ancêtres rendaient au culte des arbres, des fontaines et des pierres (3). Ce que

(1) Les Scythes, dit *Athénée*, avaient fait du chêne le symbole des divinités bienfaisantes. *Maxime de Tyr* rapporte que les Celtes adoraient Jupiter, sous la forme d'un chêne.

(2) *Agathias* dit, en parlant des Celtes en général, qu'ils adoraient les arbres, *arbores quasdam adorant. Lib.* 1.

(3) On lit dans les actes du Concile tenu à Nantes, en 628, que la superstition des habitants de la campagne persistait, malgré la

les peuples de l'antiquité ont fait pour la conservation du chêne, c'est-à-dire pour le végétal le plus utile de tous, pourquoi ne le ferions-nous pas à notre tour?...(1)

Quel arbre pourra jamais le remplacer dans nos constructions civiles, militaires et navales? Aucun, dans la nombreuse famille des bois durs, qui comprend l'alizier, le charme, le châtaignier, l'érable, le frêne, le hêtre, le merisier, le noyer, l'orme, le platane, le poirier, le pommier et le sorbier. Non, ce n'est pas encore le robinier, *robinia pseudo-acacia*, ce joli végétal de la Virginie, que le médecin Robin a popularisé en France, par la rapidité de sa croissance, l'élégance de son feuillage, la légèreté de son port et le parfum de ses fleurs : ce n'est pas, non plus, le peuplier de l'Ancien et du Nouveau-Monde, avec ses nombreuses variétés, le peuplier qui, semblable à la flèche, s'élance légèrement dans le ciel et vient terminer si gracieusement le point de vue des paysages sur le bord des lacs, des fleuves, des rivières et des ruisseaux; ce n'est

---

sévérité des peines, à allumer, comme marque d'adoration, des cierges aux pieds des chênes et des pierres druidiques. Cette superstition existait encore sous Charlemagne. Ce prince défendit, en 789, *in capitul.* d'aller faire des prières aux pierres votives : *Lapides... in ruinosis locis... ubi vota vovent.*

(1) En Turquie, les habitants ont conservé une bienveillance singulière pour les arbres et surtout pour ceux qui ombragent leurs habitations ; ils les cultivent et les arrosent par un sentiment de charité. Chez eux, c'est un crime énorme de les abattre : et celui qui oserait les émonder, se verrait l'objet des plus violents murmures. — (NOIROT, *Traité de la Culture forestière.*)

point la nombreuse famille des conifères recueillis sur tous les points du globe, que nous sommes parvenus à acclimater sur notre sol, et dont les formes grêles, pittoresques, murmurent agitées par le souffle des vents; et ce n'est pas non plus l'aylante, plus connu sous le nom de vernis du Japon, qui pousse avec une rapidité prodigieuse dans un sol frais et substantiel. Tous ces jolis arbres, que la mode s'est plu à multiplier chez nous, ne peuvent, malgré leurs nombreux avantages, entrer en comparaison, pour l'utilité, avec le chêne.

Tout nous prescrit, tout nous commande donc de revenir promptement à la culture du chêne. Ce bel arbre, indigène aux climats tempérés de l'Europe, de la France, et surtout de la Bretagne, n'est point d'une si grande difficulté sur la nature du sol (1). D'ailleurs, notre territoire, depuis 3 ou 4 mille ans, n'a pas éprouvé de révolution physique; nul cataclysme n'est venu dénaturer les principes de ses terres; et si, dans l'antiquité la plus reculée, et à l'époque de l'invasion des Romains et de la conquête des Francs, la Gaule et la Germanie (2)

---

(1) Le chêne, dit Buffon, peut être semé dans *presque* tous les terrains; mais rien n'est plus *négligé ni moins connu* que la culture de cet arbre. Si la culture du chêne, dit Juge de Saint-Martin, est une des plus *difficiles* parmi tous les arbres, c'est que cette culture n'est point *connue*. C'est aussi *l'avis* de de Perthuis (Aménagement des bois et forêts). Au rapport de Duhamel-Dumonceau, le chêne n'est pas *difficile* sur la qualité du terrain.

(2) *Alindè silvis miraculum; totam relinquam Germaniam replent, addunt que frigore umbras; ultissimæ tamen hand procul suprà dictis Chaucis, circa duos præci-*

n'étaient qu'une contrée hérissée de bois et de forêts (1), où l'on distinguait les diverses variétés du chêne, pourquoi donc, aujourd'hui, le même sol ne pourrait-il pas produire encore avec un égal succès cette essence si utile?... (2)

Cette opinion, nous le savons, pourra rencontrer des contradicteurs, parmi quelques-uns de nos cultivateurs forestiers les plus distingués, et même parmi des botanistes très-célèbres; car on néglige souvent d'approfondir, par l'expérience de la pratique, les doctrines que l'on enseigne publiquement sous la simple garantie d'agronomes qui ne sont occupés que de la théorie.

---

pue lacus. Littora ipsa obtinent querens, maxima aviditate nascendi. (C. Plinii, *Hist. Nat.*, *lib. XVI*, *cap. II.*)

(1) César. Comment. Strabon.... La forêt Hercynienne, suivant Pomponius Méla, li. 3, cap. 3, couvrait un espace de plus de 60 jours de marche, et s'étendait du nord de la Gaule sur la Germanie, vers la Sarmatie et la Dacie. On prétend que la forêt Noire en Souabe est une partie de cette antique forêt.

(2) Au nombre des chênes remarquables en France, par leur grosseur extraordinaire, nous citerons un arbre de la forêt de Der, au canton de bois dit Brancour, dans la forêt de la Haute-Marne. Son volume, y compris l'écorce, est d'environ 600 pieds cubes. Mais Rauch cite un chêne bien autrement monstrueux : suivant lui, ce géant du règne végétal contenait, indépendamment de la tête, 1045 pieds cubes. Ray mentionne un chêne, en Westphalie, qui avait 130 pieds d'élévation et 33 de circonférence. Édouard Richer cite, dans son Voyage au Gâvre en 1819 (Loire-Inférieure), le chêne au Duc, arbre dans toute sa beauté en 1504, époque où il fut visité par Louis XII, et qui existe encore. Sa circonférence est de 11 mètres.

Sur le sol de la France, les peuples qui nous ont précédé, c'est-à-dire les Celtes, les Gaulois, les Romains et les Francs, ne connaissaient que quelques espèces du chêne (1). Ils les cultivaient en futaies ou en taillis dont la durée (2) de l'aménagement variait suivant la destination, des coupes ou les besoins des habitants.

Pour l'éducation des bois et des forêts, ces peuples, ignorants nos pratiques en silviculture, ne connaissaient sans doute que la méthode naturelle (3), la plus simple, et qui demande un faible déboursé de fonds. Cette méthode se transmit successivement des Celtes aux Gaulois, des Gaulois aux Gallo-Romains, et de ceux-ci au peuple franc, et continua sous le régime féodal, plus connu sous le nom de moyen âge (4).

Mais, en France, depuis le XV.[e] siècle, tout a subi

---

(1) *Quercus ilex. Quercus suber. Quercus coccifera. Quercus robus. Quercus pedunculata. Quercus fastigiata. Quercus cerris. Quercus tauza.*

(2) Dans les temps les plus reculés, on distinguait deux classes de forêts : celles qui restaient perpétuellement en massif de haute futaie (*silvæ glandariæ*), et celles où l'on faisait des coupes périodiques (*silvæ cæduæ*).

(NOIROT, *Traité de la Culture des Forêts*).

(3) Aucun agronome de l'antiquité ne mentionne que les forêts fussent soumises à aucune autre méthode que la méthode naturelle.

(4) La France était très-boisée en 1318 : cependant il y eut une sécheresse que les temps modernes n'ont pas vue se renouveler. Il y avait onze mois qu'il n'était tombé de pluie ; dont advint grande cherté l'espace de deux ans. (*Essai sur les Monnaies.*)

de fréquents changements. La population s'est accrue de siècle en siècle. Les lumières se sont répandues de tous côtés, dans les villes et dans les campagnes. L'industrie en tous les genres s'est développée avec une persévérance remarquable. L'élégance a succédé à la grossièreté des mœurs. En place de la misère et des privations, le bien-être de la vie s'est fait sentir sur tous les points du territoire. Dans ce nouvel état des choses, les hommes ont été obligés de faire disparaître, sur le sol de la France, ces antiques forêts qui couvraient d'immenses étendues de terrain (1). Ils ont abattu toutes les essences, sans discernement, et outre mesure; et, dans ces espaces, la charrue a tracé des sillons destinés à la culture des céréales, non-seulement en quantité suffisante pour les besoins de la population, mais encore pour en faire un objet de négoce. Toutefois, en se livrant à cette nouvelle branche d'industrie, ils ont oublié de réserver quelques hectares, dans chaque commune, uniquement destinés à l'éducation du chêne à l'état de futaies pleines; et cet oubli, sans exemple, n'est-il pas surprenant alors que toutes les branches de l'agriculture sont en progrès, et fructifient, sur tous les points du pays, d'une manière rapide, extraordinaire; que l'assolement moderne des terres est parvenu à donner des produits doubles et même triples, sans les épuiser; que l'amélioration du bétail s'est ma-

(1) *Terra est .... amœna lucis immanibus.*

(POMPONIUS MELA, lib. 3, cap. 2.)

nifestée d'une manière prodigieuse, d'après l'intelligence et les soins de l'éleveur, tantôt en conservant pures les races primitives, tantôt en les croisant avec des races d'un mérite supérieur, pour obtenir des variétés plus avantageuses; que les défrichements ont converti une partie de nos landes en belles moissons et en gras pâturages; que la culture des prairies artificielles et des racines fourragères vient, par d'abondantes récoltes, accroître les ressources alimentaires du bétail; que les desséchements de marais et la consolidation des relais de la mer ont ajouté un nouveau sol plus fertile à nos terres qui produisent les céréales?... Eh quoi! ce serait au milieu de cette abondance si belle, si variée, des produits de nos champs, des fruits de nos jardins, des récoltes de nos vergers et de nos parcs, que notre insouciance abandonnerait à une rapide destruction, le plus beau, le plus utile de tous les arbres feuillus, celui qui fut jadis déifié au sein des forêts de la Gaule! Oh! non, cette insouciance ne peut durer davantage, l'intérêt de l'État en éprouverait un trop fort préjudice! Mettons-nous donc à l'œuvre, et tâchons, par nos conseils, d'empêcher ce désastre si funeste au pays (1).

La culture du chêne, contre le succès de laquelle la plupart des agronomes ont vu tant de difficultés, n'est pas aussi hasardeuse qu'on le croit assez généralement.

(1) *Non intempestiva erit arborum virgultorumque cura, quæ vel maxima pars habetur rei rusticæ.*

(Columella *de arboribus.*)

Il est reconnu par des essais constatés et répétés que cette essence et ses nombreuses variétés s'accommodent facilement de presque toutes les espèces de sols dans notre climat. Quand elle est cultivée avec soin, sa croissance ne s'opère pas aussi lentement qu'on s'est plu à l'annoncer. A cet égard, nous nous réservons de faire connaître quelques essais en petit, que nous avons tentés dans notre culture, sur ce végétal.

Pour rendre ce long mémoire plus clair, nous le diviserons en quatre parties, savoir:

1.re Partie, semis et pépinières.

2.e Partie, culture naturelle du chêne.

3.e Partie, culture artificielle du chêne, contenant diverses opinions et exemples de culture.

Et 4.e, culture du chêne en bordure.

PREMIÈRE PARTIE.

Semis en pépinière.

Les opinions sur l'établissement d'un semis de chênes en pépinière sont partagées, et même diamétralement opposées. Suivant Miller, célèbre jardinier anglais, il faut choisir un fond d'une excellente qualité, profond, et l'amender par des terres rapportées; et d'après M. de Perthuis, dans son excellent ouvrage sur les bois et les forêts, ce silviculteur prétend que les plants élevés dans les meilleurs terrains, réussissent rarement à la transplantation, et que ceux qui échappent ne le doivent qu'à la vigueur de leur tempérament. Il conseille donc de préférer les terrains médiocres; et, dans les terrains de qualité inférieure, il recommande de les amender par le mélange de bonne terre ou de fumiers longs.

Il y a plusieurs manières de former un semis en pépinière.

Les uns choisissent un terrain au soleil levant, dans une position plus fraîche que chaude, où ils défoncent le sol à la bêche, à trente trois centimètres de profondeur, brisent et pulvérisent les mottes. Si le terrain est assez considérable par l'étendue, ils opèrent le labour à la charrue. Il faut trois façons à la charrue, tandis qu'un seul labour à la bêche suffit. Le labour est facile et peu coûteux dans un terrain léger, et dans un terrain compacte il est plus difficile et plus dispendieux. La prudence exige que l'on sème en automne dans les terres sèches, et au printemps dans les terres humides. On choisit une année où la récolte du gland est abondante. Il faut préférer les glands tombés de maturité, les plus gros, les plus colorés et les plus pesants; il est important de les chauler ou de les laver dans un bain d'eau mêlée de suie. On peut semer à la volée et faire recouvrir la semence par un simple tour de herse, ou semer dans des rayons à la profondeur de 5 à 10 centim. Ensuite on piétine le semis et on le recouvre d'ajoncs, de bruyères, d'épines et de paille pendant l'hiver. Ces précautions ajoutées au chaulage et au bain de suie préservent le gland du ravage des animaux rongeurs. Au mois de mars, on retire les ajoncs, les bruyères et les pailles, et l'on bêche légèrement en grattant la surface du terrain avec un râteau armé de dents de fer un peu courtes (1). Cette opération se répète plusieurs fois

(1) Quand le semis n'est pas d'une belle venue, ce qui peut pro-

dans l'année. Au bout de deux ans, les sujets sont assez forts pour être transplantés dans une autre partie de la pépinière qui est également préparée par un bon labour et un amendement de terreau consommé. Deux ans après, l'on transplante encore le même plant sur un autre point de la pépinière. Enfin, après la huitième année du semis, on transplante ces plants à demeure. Ces transplantations réitérées empêchent l'allongement du pivot; c'est la méthode enseignée par Hartig, forestier allemand. On les place en des fosses creusées l'année précédente, et au fond desquelles l'on a soin de jeter des terres nouvelles et des gazons. Deux fois l'an, au printemps, et à l'automne, on pratique un élagage modéré, quand cette opération est nécessaire.

Un hectare, d'après le calcul de M. de Perthuis, pourrait contenir 400,000 glands semés un peu dru. Si nous nous en rapportons au cours complet d'agriculture sous la direction de M. Vivien, (imprimerie de Pourrat, 1834,) on peut semer dans 1 hectare 30 hectolitres de glands, qui produisent 500 milliers de plants; et ces plants, à l'âge de cinq à six ans, peuvent garnir 60 hectares de bois en massif, à un mètre les uns des autres, et 100 hectares, s'ils sont espacés de un mètre soixante-trois centimètres entre eux.

---

venir ordinairement de la gelée du printemps ou de la chaleur du mois d'août, on recèpe les sujets au bout de sept ou huit ans. Les cultivateurs, en Chine, prétendent qu'en brûlant une partie des tiges, ils ont trouvé un excellent moyen de faire repousser le tronc avec une plus grande vigueur.

(Noirot, *Traité de la Culture des Forêts*).

Et les autres, après avoir défoncé le terrain à bras d'homme, placent les plants enracinés par rangées éloignées de 66 centimètres sur le rang, et les rangs espacés de 66 centimètres; on plante en des rigoles de 135 millimètres de profondeur, on garnit les racines de terre molle et l'on foule la terre auprès de chaque brin. Aussitôt que la plantation sera terminée, on doit rabattre les branches trop nombreuses. Dans la première année, le pépiniériste pratique quatre binages, ainsi que dans la seconde. Et, les années suivantes, trois binages peuvent suffire. Sur chaque sujet, on choisira la branche la plus droite, à défaut de la tige, que l'on aura soin d'élaguer pour faire filer. A chaque sève l'on rabattra les branches latérales, afin de faire circuler la sève avec plus d'abondance dans la partie que l'on destine à former la tige. S'il existe dans la pépinière des plants qui soient rebelles à la formation de la tige, il faut les receper près de terre, afin d'essayer d'en obtenir des branches plus vigoureuses et mieux disposées: on peut placer à demeure les plants après cinq ou six ans ou davantage de pépinière, suivant la vigueur de leur végétation. On doit déplanter les plants à la fourchette, parce que cette méthode est la plus sûre pour éviter de contusionner les racines.

D'autres encore, pour former une pépinière, emploient le moyen suivant, qui force le chêne à prendre une tige plus droite. M. Becker, forestier allemand, très-distingué, prétend que ce procédé lui a toujours réussi : il consiste à placer les chênes sur des lignes espacées les unes des autres par un intervalle de deux mètres cinquante centimètres, au milieu desquelles on plante une rangée de peupliers d'Italie qui, en resserrant les distances entre les chênes, les fait filer davantage, et les force à prendre par la suite une tige très-droite, sans avoir besoin de pratiquer l'amputation des branches latérales. Quand le silviculteur ne peut ou ne veut pas employer la méthode du plant de semis, ou du plant cultivé en pépinière, il est obligé de semer sur place.

2.e PARTIE.

Culture naturelle du chêne.

La culture naturelle du chêne consiste à semer le gland sur place, c'est-à-dire sur le sol que l'on veut convertir en bois plein. Cette culture se pratique suivant diverses manières : les uns bêchent à la houe et forment des planches bombées, si le sol est humide; les autres cultivent le terrain par rayons de 66 centimètres espacés entre eux par des intervalles non bêchés, et sèment en rayons. Il y en a qui labourent le terrain à la charrue, sèment à la volée, à plat ou en sillons. Quelques autres cultivent le terrain par planches à la charrue, en laissant entre les planches des intervalles vides d'égale dimension. Cette méthode est excellente et à la fois économique ; mais il en existe une cinquième plus économique encore, et qui consiste à semer dans un lieu inculte, parmi les herbes, les ajoncs, les bruyères et les genêts, à l'imitation de la nature. Abandonné au milieu de ces broussailles, le gland trouve une humidité favorable à sa végétation, en même temps qu'un abri qui protége les jeunes pousses contre la chaleur de l'été et les gelées de l'hiver. Il est vrai, cette manière est fort économique ; mais aussi elle est très-lente. Cependant, malgré cet inconvénient, cette méthode naturelle est proclamée par Buffon, la plus simple, la plus expéditive, la meilleure, et la moins coûteuse de celles employées sur tous les points du globe où vient le chêne ; mais il aurait dû ajouter aussi la plus lente.

« Si l'on veut, dit Buffon, réussir à faire croître du » bois dans un terrain, il faut imiter la nature ; il faut » y semer ou y planter des épines et des buissons qui » puissent rompre la force des vents, diminuer celle de » la gelée et s'opposer à l'intempérie des saisons. Un » terrain couvert ou à demi couvert de genièvres et de » bruyères est un bois à moitié fait, et qui a peut-être » dix ans d'avance sur un terrain net et bien cultivé. »

Malgré l'expérience de Buffon, beaucoup de forestiers reviennent au système de semer dans un terrain préparé par un seul labour à bras d'homme, ou par un labour à la charrue, qui exige trois façons pour ameublir et préparer le sol, et ensuite ils abandonnent le jeune plant aux soins de la nature.

La dépense est faible, on peut l'évaluer environ, par hectare, comme ci-après ; nous nous servons du terme environ, parce que cette dépense peut varier suivant les lieux, l'époque du semis et la qualité du sol.

Pour le labour, 3 façons.	100 fr.
Frais de semence, 12 hectolitres à 4 fr. . . .	48
Frais de clôtures, douves, fossés et plants. .	64
Total.	212 fr.

Tandis qu'un hectare, d'après la Maison rustique du XIX.e siècle, peut revenir :

Labour par bandes de 1 mètre, à 22 °/o prof.	60 fr.
Douze hectolitres de glands à 4 fr.	48
Trois façons de culture, à 20 fr. chacune.	60
TOTAL.	168 fr.

Si nos frais de culture diffèrent de ceux présentés par la Maison rustique du XIX.e siècle, ils diffèrent aussi de ceux donnés plus bas par M. Noirot. Sans doute cette variation résulte des époques du semis ou de la plantation, de la qualité du terrain, du prix du plant et encore de la main-d'œuvre.

Ce forestier prétend qu'on peut les évaluer ainsi :

1.° Dix mille plants à 2 fr. 50 c. le mille.	25 fr.
2.° Frais de plantation à 2 fr. 50 c. le mille.	25
3.° Frais d'ouverture de fosses et accessoires.	10
TOTAL.	60 fr.

D'après les éléments recueillis dans les forêts de Compiègne et de Fontainebleau, que rapporte la Maison rustique, la plantation d'entretien d'un hectare de chênes peut revenir, au bout de 4 ans, comme suit :

1.° Défoncement à 40 °/o de profondeur.	200 fr.
2.° Dix mille plants de rigole de 5 ans à 10 fr.	100
3.° Transports des plants.	100
4.° Trois regarnis de 1500 à 15 fr.	45
5.° Huit labours, en 4 ans, à raison de 25 fr.	200
TOTAL.	645 fr.

Ces quatre devis diffèrent beaucoup pour le chiffre

de la dépense Il est facile d'en apprécier la cause. Dans les deux premiers, l'on procède par voie de semis ; et dans les deux autres, par plantation. Cependant, si l'on retranche les dépenses de clôture, comme dans le second, notre devis est encore celui qui présente en frais le chiffre le moins élevé quoique le semis ait lieu en *plein*, tandis que, dans l'autre, le semis a lieu par *bande*, c'est-à-dire en laissant inculte la moitié du sol. Sur notre semis, en semant le gland au printemps, aussi bien qu'à l'automne, on peut encore semer en même temps de l'avoine, de l'orge, du seigle et même du froment, et les dépenses premières se trouvent plus que couvertes par la récolte du grain et de la paille ; quand le terrain est enclos de douves et de fossés qui empêchent l'approche du gros et du menu bétail, on laisse au semis le temps de se développer parmi les broussailles, qu'il finit par étouffer par l'élévation de ses tiges et l'ampleur de ses rameaux.

Quelques-uns abandonnent ces arbres à la direction de la nature, et enlèvent de temps en temps ceux qui sont étouffés par les plus vigoureux ; d'autres opèrent une sorte d'éclaircie ou manière de furetage et de jardinage de temps en temps. Tels sont, en abrégé, les procédés connus sous la dénomination de culture naturelle du chêne.

3.e PARTIE.

Culture artificielle du chêne, contenant en outre diverses opinions et exemples de culture de cette essence.

Nous entendons, sous la dénomination de culture artificielle du chêne, cette sorte de culture qui consiste à semer le gland à la volée, soit dans un terrain préparé par plusieurs labours à la charrue, soit par un seul à la bêche, en plein ou sur bandes labourées et séparées par des intervalles incultes, que l'on continue de soigner pendant plusieurs années, c'est-à-dire jusqu'à l'époque où le plant ait acquis un certain développement en élévation et en grossissement qui puisse le rendre défensable contre la dent du bétail ou la malveillance de l'homme. Ces travaux consistent dans une bêchure exécutée plusieurs fois l'an, pour maintenir l'ameublissement du sol, l'extirpation des herbes et des broussailles pour les divers nettoiements et l'élagage pendant les 15 ou 20 premières années.

Nous entendons encore par culture artificielle du chêne, la culture qui consiste aussi dans la transplantation de ce végétal, quand le planteur veut former un massif plus ou moins épais, et dont l'étendue du terrain peut varier suivant les besoins du propriétaire, l'ornement d'un domaine ou la spéculation qu'il veut entreprendre, soit qu'il plante en avenue devant une maison, soit qu'il jette ses arbres isolés près des chemins et des routes.

Car, bien que les cultivateurs du chêne se soient toujours prononcés contre l'extrême difficulté de la transplantation de ce végétal, nous pouvons affirmer, d'après notre propre expérience, résultat de notre pratique pendant de longues années, que le chêne, élevé en pépinière et transplanté dans des fosses préparées à l'avance, a toujours prospéré avec un grand succès (1). Mais il est aussi fort important de s'abstenir des préjugés, fruits d'une aveugle routine, en ce qui concerne l'amputation peu réfléchie des branches et des racines. La mutilation est toujours nuisible à quelque essence que ce soit.

La culture du chêne, indépendamment des frais d'établissement et d'entretien de la pépinière, des frais d'excavation des fosses ou tranchées ouvertes six mois ou un an à l'avance, réclame encore une bêchure exécutée plusieurs fois l'an, quelquefois des pieux ou tuteurs avec un élagage pratiqué au printemps et à l'automne.

Nous établissons par hectare le devis comme ci-après :

1.° Labour à la charrue, 3 façons.	100 fr.
2.° Glands, 12 hectolites (200 mille glands) à 4 fr.	48
3.° Transport et ensemencement.	30
4.° Deux bêchures à 25 fr.	50
5.° Frais de clôture.	64
6.° Frais de culture à 25 fr. l'an, pendant 8 ans.	200
7.° Élagage, 4 fois à 15 fr.	60
Total des dépenses pendant 8 ans. . . .	552 fr.

Si l'on remarque combien ce devis est plus élevé que les précédents, on doit réfléchir que si les frais d'ameublissement de culture, de semence, de clôture et

(1) Les nombreuses expériences et les travaux d'Hartig prouvent que la culture du chêne réussit facilement, quand la transplantation est exécutée par un arboriculteur intelligent.

d'entretien, n'étaient pas rentrés par la récolte de céréales, semées en même temps que le gland, ils le seraient très-certainement avec le prix du plant qu'on peut en retirer, et avec les élagages et les éclaircies, abstraction faite de *la croissance plus rapide* du chêne qui permet *un tiers plus vite* l'exploitation des bois.

De la dépense première de. . . . . 552 fr.
nous défalquons :

1.° Froment, 12 hectolitres à 20 fr.	240 fr.
2.° Paille, 2 milliers à 18 fr.	36
3.° Vente de 50 milliers de plants à 5 fr. .	250
4.° Vente des épines, 500 bourrées à 10 fr.	50
5.° Élagages, 500 bourrées à 12 fr.	60
6.° Valeur de la croissance plus rapide du bois, pour mémoire.	
	636 fr.

D'après le devis ci-dessus établi dans les proportions les plus ordinaires, il est évident que, dans un laps de 8 ans, le silviculteur peut rentrer au-delà des nombreux déboursés que lui a occasionnés le système de culture artificielle, indépendamment de la plus-value d'un tiers de son bois. Supposons encore que les 200,000 glands n'aient produit que 60,000 plants. Après la vente des 50,000 plants à 8 ans, il reste encore dans l'hectare 10,000 plants, qui, après quatre éclaircies plus productives les unes que les autres, se trouvent réduits, à 100 ans, au chiffre de 250 brins en futaie pleine par hectare. Ces nettoiements et éclaircies, dans les quatre opérations, devront payer plus du double au-delà des intérêts par la vente successive de 9,750 brins vendus, les uns à 20 et à 40 ans, et les autres à 60 et 80 ans d'âge. C'est ce que nous tâcherons de prouver par la citation du tableau que nous avons extrait de l'excellent ouvrage de M. Noirot, intitulé : Traité de la Culture des Forêts, et qui se trouve à la page 94 de ce mémoire.

Diverses opinions sur la culture du chêne.

Pendant longtemps, on a enseigné en agronomie que le chêne, semé et abandonné à l'état de nature, était le seul qui pût développer ses belles et immenses proportions, tandis que le chêne transplanté restait, quoique cultivé, toujours inférieur sous le rapport de la belle venue et surtout de la qualité du bois (1). Eh bien, Messieurs, cette opinion n'est pas fondée. C'est une erreur que nous nous proposons de réfuter. Une autre tout aussi grave a été encore avancée.

On a prétendu que le chêne ne pouvait prospérer dans un sol où le chêne était déjà venu à l'état de futaies ou de bois taillis; que ces essais étaient considérés comme infructueux par tous les praticiens. C'est une opinion erronée, très-préjudiciable à l'inexpérience des agricul-

---

(1) Indépendamment de l'influence de l'espacement des arbres sur leur grossissement, il faut considérer les effets des labours, des élagages, des nettoiements. Ce système, bien combiné, donne les produits les plus abondants et procure aux bois un tissu plus serré qui les rend propres à la construction des vaisseaux et surtout à toute autre espèce d'usage.

(Noirot, *Traité de la Culture des Forêts.*)

teurs, et que nous nous proposons de combattre, bien qu'elle soit professée et imprimée dans les ouvrages de nos maîtres les plus célèbres et qui se sont spécialement occupés de la culture du chêne (1).

Nous citerons un professeur de botanique dont la réputation est européenne, M. Desfontaines. Dans le tome 2.e, page 536, édition de 1809, de l'*Histoire des arbres et des arbrisseaux sur le sol de la France*, ce savant naturaliste dit : « Les semis et plantations de » chênes faits dans un terrain où il y en avait aupara- » vant, ne réussissent pas. C'est un fait confirmé par » l'expérience, et connu des agriculteurs. »

Eh bien, cette opinion de M. Desfontaines se trouve répétée dans le nouveau cours complet d'*Agriculture pratique et théorique*, rédigé par les membres de la Section d'Agriculture de l'Institut de France, édition de 1809, tome 3.e, page 500 : on lit, dans un article de M. Bosc (2) : « Il est un principe sur lequel je ne puis » trop insister, lorsqu'il s'agit d'entreprendre une plan- » tation de ce genre (chêne), c'est de ne jamais la faire » dans un sol qui portait déjà des chênes. Cet arbre, » comme tous les autres, épuisant le terrain et deman- » dant à être remplacé par des arbres d'une nature dif-

(1) Plus ces théories, enseignées en des ouvrages qui sont entre les mains des jeunes cultivateurs, sont en vogue aujourd'hui, plus il est du devoir des cultivateurs expérimentés, d'en signaler les erreurs. Une simple erreur peut amener souvent la perte du cultivateur et la ruine de la propriété.

(2) Auteur d'un Traité sur la culture du chêne.

» férente, quoiqu'il puisse subsister plusieurs siècles » à la même place, en approfondissant et étendant chaque année ses racines. On en voit habituellement la » preuve en Europe, sans y faire attention. Mais, en » Amérique, cela est tranché de manière qu'il n'existe » aucun habitant qui n'en connaisse le résultat.... On a » établi en principe qu'il ne faudra *remettre* de chênes, » dans le *même* terrain qu'au bout de *deux siècles*. Mais » quel est le propriétaire qui ait des notions positives » sur ce que contenait le terrain deux cents ans avant » lui? »

Dans un autre ouvrage, le *Cours complet d'Agriculture* (imprimerie de Pourrat, 1835), tome 8, page 98, on lit ce qui suit :

« Il faut préférer un bois d'essence moins bonne quand » l'essence la meilleure a *usé* le sol par une trop *longue* » *occupation*, la règle de l'alternation (1) étant une règle *invariable* et fondamentale de la nature. »

---

(1) Le Congrès forestier de Bade, le 29 mai 1841, a décidé que :

1.° L'alternance des essences n'est point une loi de la nature; l'influence que les circonstances extérieures exercent sur la végétation des forêts, en rend suffisamment raison;

2.° Les essences *feuillues* aussi bien que les essences *résineuses* peuvent être introduites ou *maintenues*, à l'aide d'une culture raisonnée et soigneuse;

3.° Toutes les essences ne prennent pas, dans le sol, une égale quantité de substance nutritive. L'échelle à dresser, sous ce rapport, s'établira au fur et à mesure que nos expériences, déjà nombreuses, deviendront plus complètes.

L'erreur, il est vrai, est modifiée dans le Cours d'Agriculture de Pourrat; mais elle n'est pas détruite pour cela.

Car l'éditeur, quelques lignes après, ajoute : « De là » provient *l'obligation de changer la nature des arbres,* » quand on veut renouveler un bois, ou une avenue; » ce qui a fait sentir la haute importance de la naturali- » sation des arbres exotiques » (1).

Cette erreur est encore reproduite à la page 191 du second volume d'un ouvrage de doctrine agronomique, édité récemment, fort bien fait, et destiné à répandre les saines pratiques de l'agriculture moderne sur tous les points du territoire. Sauf la gravité de cette erreur, personne plus que nous ne rend la justice qui leur est due aux *Voyages agronomiques en France, par Frédéric Lullin de Château-Vieux.*

Expérience de culture naturelle.

Pour nous, si nous pensions être utile, nous dirions,

Les essences les moins exigeantes tendent généralement à évincer les autres; c'est au forestier à combattre cette tendance, en tant qu'elle est en opposition avec les intérêts qu'il a en mains.
(*Annales forestières*, janvier 1842.)

(1) A cette doctrine, professée par de graves personnages, nous opposerons le réensemencement naturel des mêmes essences dans les forêts de l'État, et qui s'opère tous les jours au moyen des coupes de régénération, portant les noms suivants : coupe d'ensemence, coupe sombre, coupe claire, et coupe définitive; ensuite le jeune bois, n'étant plus couvert, prend un accroissement rapide. (Cours élémentaire de culture des bois, par Lorentz. Huzard, à Paris. 1837.)

dans notre culture du chêne, soit en abandonnant la végétation à la direction de la nature, soit en continuant à lui donner des soins chaque année, voici ce que nous avons remarqué en deux cultures différentes, opérées sur des sols qui avaient, pendant *plusieurs siècles*, été couverts de chênes.

Nos remarques seront un peu longues, quelquefois minutieuses, et nous réclamons l'attention de la savante Société en faveur du but que nous nous proposons.

Nous fîmes abattre et déraciner, en décembre 1809, une futaie qui existait depuis trois cents ans, et qui menaçait, étant conservée plus longtemps, de rester en pure perte pour le propriétaire. Elle couvrait sur une colline à l'exposition du midi, une étendue de 30 ares (1). Les arbres furent enlevés au mois de mars : on fit fouiller et remuer à la bêche toutes les parties de ce terrain. Le fond était une pierre alumineuse fort tendre, recouverte d'une couche de terre jaunâtre, légère, et dont l'épaisseur ne dépassait pas 17 centimètres. La déclivité de la colline offrait çà et là des points tantôt saillants et tantôt concaves; on tâcha de leur donner une surface unie, autant que possible; ensuite on sema des pommes de terre qui donnèrent une récolte dans les proportions ordinaires, et qui fut recueillie dans le mois de septembre. Après, le terrain resta inoccupé jusqu'au mois de mars 1810. A cette époque, il fut de nouveau bêché; l'on y

(1) Cette colline s'abaisse doucement sur les vallons que baigne la rivière du Cens, proche le chemin vicinal de l'Arguillère, en Sautron, arrondissement de Nantes.

traça au cordeau des rayons espacés de deux mètres, dans lesquels on sema des glands déposés, au nombre de trois, de trente-trois centimètres en trente-trois centimètres. Ce terrain fut renfermé d'une épaisse ceinture de fossés plantés en épines blanches et en prunelliers. Les quatre cinquièmes des glands levèrent parfaitement (1). A la fin du mois de juillet, tout ce semis était récouvert d'une herbe épaisse à la hauteur de 20 centimètres. Cette herbe et les broussailles ne furent point arrachées. Pendant cinq ou six ans, il était impossible de distinguer le semis parmi ces balliers, ce qui aurait porté à croire que la plantation avait péri. Mais, à huit ans, les chênes surmontèrent ces herbes parasites et les étouffèrent après quelques printemps. Depuis, ils ont poussé avec une vigueur remarquable. Voici les proportions qui nous ont frappé.

Du bas au milieu de la colline, nous avons observé les dimensions suivantes sur des sujets pris çà et là, au hasard; la circonférence a été mesurée à un mètre à partir du sol (2), tandis que, d'après quelques usages forestiers, elle doit l'être à la moitié de la hauteur du tronc;

---

(1) La semence, venue de la forêt du Gâvre, avait beaucoup souffert pendant le trajet, qui s'était prolongé par cas fortuit, durant quelques jours, sous une température très-sèche.

(2) La mesure de la circonférence prise à un mètre au-dessus du sol, est la mesure qu'a employée M. Varenne-Fenille dans ses nombreuses expériences sur le grossissement annuel des arbres. C'est la mesure indiquée par le Code Forestier de l'année 1827, art. 121.

	ÉLÉVATION.		CIRCONFÉRENCE.	
1.°	— 12 mètres	» cent.	— » mètres	75 cent.
2.°	— 11 —	66 —	— » —	48
3.°	— 11 —	» —	— » —	47
4.°	— 10 —	33 —	— » —	46
5.°	— 8 —	66 —	— » —	30

Du milieu au sommet de la colline.

1.°	— 11 —	33 —	— » —	67
2.°	— 10 —	» —	— » —	56
3.°	— 10 —	» —	— » —	42
4.°	— 9 —	33 —	— » —	36
5.°	— 9 —	» —	— » —	30

Ces dimensions, mesurées avec exactitude en octobre 1842, c'est-à-dire après un laps de 33 ans à partir de l'époque du semis, nous donnent par an, terme moyen, pour une élévation de 12 mètres, une croissance de 33 centimètres 33 millimètres; et 2 centimètres 2 millimètres de développement en circonférence, pour une circonférence de 75 centimètres, dimensions plus fortes que les divers développements du chêne que l'on remarque ordinairement dans le sol où il est semé et cultivé pour la première fois (1).

---

(1) Le grossissement annuel varie suivant les espèces de chênes, suivant les lieux, et suivant la manière dont les arbres sont traités. Tellès d'Acosta évalue le grossissement annuel d'un chêne, situé dans un bon sol, à 5 lignes de diamètre ou 15 lignes de circonférence, ce qui donne au bout de 30 ans 12 pouces de diamètre ou 36 de circonférence.

L'exemple ci-dessus de cette culture naturelle du chêne que nous présentons comme un fait contraire, un fait authentique, ne fût-il qu'une simple exception au principe énoncé par quelques-uns de nos agronomes et de nos botanistes, cet exemple peut être répété, et peut (nous en sommes certain) reproduire à l'infini des résultats nombreux, qui feront regarder comme une erreur grave un point avancé et non débattu en agriculture qui, jusqu'à ce jour, a été pris pour une vérité, étant mis au jour par des agronomes en renom et dont une longue pratique semble attester l'expérience (1).

Expérience de culture artificielle.

Notre seconde expérience, la voici : dans un autre canton de 14 ares, situé sur un sol de bruyère, plat, re-

---

Duhamel-Dumonceau, et Varenne-Fenille évaluent le grossissement à 4 lignes de diamètre par an, ou 1 pouce de tour ; en sorte qu'un chêne de 72 ans a 6 pieds de tour, mais dans un excellent fond. Le grossissement ordinaire est de 3 lignes de diamètre *ou 9 lignes de circonférence*, c'est-à-dire *deux centimètres.*

(NOIROT, *Traité de la Culture des Forêts.*)

(1) A l'appui de ce que nous avons avancé, nous nous empressons de citer plusieurs semis de chênes fort bien venus sur la terre de la *Sébinière*, propriété de M. Esmein père, située commune du Palet, arrondissement de Nantes. Le sol de ces divers semis était précédemment couvert de chênes d'une élévation peu commune. Après l'abattage, et le labour du champ, le propriétaire sema immédiatement des glands qui ont produit depuis 30 ans des jeunes chênes d'une fort belle venue.

Nous citerons encore les réensemencements naturels des forêts de l'État, pour perpétuer la culture du chêne et des autres essences.

posant sur un fond alumineux et qui était encore couvert d'un épais bouquet de chênes dont l'origine remontait à plusieurs siècles, nous avons pratiqué une seconde expérience, mais différente.

Cette chênaie fut abattue en décembre 1820, et le bois retiré au printemps. Ce terrain, d'une forme triangulaire, enclos d'une haie d'épines vers le nord et d'un fossé avec douves vers l'est et le sud, demeura inculte jusqu'en 1824. A cette époque, on sema des pommes de terre. La récolte fut assez abondante. En 1826, on sema du blé noir sur une légère fumure, ensuite du froment avec une forte fumure en fumier d'étable. Après cette récolte, le sol, préparé, ameubli, fut planté en chênes au mois de novembre 1827. De mètre en mètre il fut creusé des fosses à quatre pans, de 33 centimètres chaque et de pareille profondeur, où l'on plaça du plant de chêne, qui avait trois ans de culture en pépinière. Au printemps, ce jeune plant fut labouré avec soin à la bêche, et toutes les herbes furent enfouies. A l'automne, une pareille culture fut pratiquée. Cette culture, pendant dix ans, a été renouvelée régulièrement deux fois par an. Le premier élagage a été pratiqué en 1833, le second en 1836, le troisième en 1839 et le quatrième en 1842. Nous commencerons dans quelques années les éclaircies de ce bouquet.

Cette plantation a prospéré d'une manière assez remarquable sur tous les points, sauf cependant à l'est et au sud, parties défendues par une ceinture de pins maritimes qui bordent les fossés et projettent de larges branches, nuisibles à la végétation, sur une étendue de cinq ou six mètres.

Malgré le prolongement des branches des arbres résineux, nous avons remarqué sur cinq sujets, pris au hasard, les dimensions suivantes :

	Élévation.			Circonférence.
1.°	8 mètres	» °/o.	—	» mètres 25 °/o
2.°	7 —	» °/o	—	» — 24 °/o
3.°	6 —	66 °/o	—	» — 23 °/o
4.°	6 —	24 °/o	—	» — 22 °/o
5.°	6 —	20 °/o	—	» — 21 °/o

Ces dimensions, qui donnent, terme moyen, pour 15 ans, une élévation annuelle de 55 °/o avec une circonférence de 1 centimètre 6 millimètres, sont des dimensions peu ordinaires pour l'élévation, et qui dépassent de beaucoup les sèves de cette essence, quand elle est semée naturellement, ainsi que nous venons plus haut d'en citer quelques exemples (1). Nous attribuons ces dimensions aux divers labours donnés tous les ans pour l'éducation de ce plant, de même qu'aux élagages exécutés avec discernement et de manière qu'ils ne puissent porter préjudice ni à la rapidité de la végétation, ni à la qualité du bois (2).

Il est fort important, dans cette question de silvi-

---

(1) Si l'on trouve un peu faible ce grossissement, il faut réfléchir que dans ce massif, où les sujets ne sont espacés que d'un mètre, la végétation s'est portée sur la croissance de la tige, qui a obtenu une élévation énorme. Quand on aura pratiqué une éclaircie, le grossissement du tronc sera plus rapide, mais aussi la tige s'élèvera beaucoup moins promptement.

(2) Noirot, *Traité de la Culture des Forêts.*

culture, de ne pas oublier que ces deux jeunes bois de chênes, dont l'un a été élevé suivant la méthode naturelle, comme l'autre suivant la méthode artificielle, ont été semés et plantés dans un sol qui, pendant *trois cents ans* au moins (cette certitude résulte de titres authentiques), a été occupé par une chênaie remarquable par des arbres aux fortes et gigantesques proportions, et dont toutes les cimes couronnées étaient les indices les plus certains de la vétusté; car l'aspect de ces arbres, bien loin de marquer ce que l'on nomme vulgairement l'épuisement du sol, indiquait, de la manière la plus évidente, la caducité du végétal produite par les ans.

Observations sur ces expériences.

Ces deux essais que nous avons tentés et les résultats que nous avons obtenus sous les yeux des cultivateurs du voisinage, auraient-ils pour effets, non pas de détruire cette vieille incrédulité en fait de la culture du chêne sur un sol qui a déjà été occupé par des chênes, mais seulement de faire douter d'un préjugé, ce serait déjà beaucoup.

Actuellement, si nous comparons les dimensions des arbres de nos deux plantations avec les croissances *moyennes* données par les auteurs forestiers, nous trouverons une notable différence (1).

(1) Les bois cultivés croissent deux fois plus rapidement que ceux qui sont abandonnés à la nature dans le massif d'une forêt, et sont susceptibles de donner un produit double.

(Noirot, *Culture des Forêts*.)

Un chêne de trente-trois ans, suivant les forestiers, aurait une élévation de 7 mètres, au lieu d'une élévation de 8, 9, 10, 11 et 12 mètres que nous avons mesurée dans notre bois de chênes, semé et abandonné à lui-même.

Tandis qu'une chênaie de 16 ans, suivant les mêmes forestiers, obtiendrait une élévation de 4 mètres 50 centimètres; notre plant de chênes, établi à demeure pendant l'automne de 1827, mesuré en 1842, bêché et élagué avec soin, a fourni des sujets dont l'élévation s'est développée au-dessus de 6 mètres 20 °|₀, 6 mètres 24 °|₀, 6 mètres 66 °|₀, 7 mètres et 8 mètres.

Ces exemples extraordinaires des effets de la culture artificielle appliquée à l'essence, la plus précieuse, la plus utile, s'ils sont rares parmi nous (1), ne le sont pas au contraire chez les étrangers ; par exemple, en Angleterre, en Allemagne, en Belgique, en Flandre, en Lombardie et en Piémont. La culture artificielle, pour l'éducation du chêne, en ces pays, est pratiquée aussi bien sur les domaines de quelques hectares que sur les domaines d'une immense étendue.

---

(1) L'élagage ne s'exécute pas communément en France sur les arbres des forêts; mais il est en général pratiqué en Allemagne et en Belgique, et l'on peut voir les *étonnants* résultats d'un élagage judicieux, relativement à la beauté et à la valeur des arbres qui y sont soumis. Par cette méthode, une futaie se compose presqu'en totalité d'arbres dont les tiges réunissent toutes les qualités pour acquérir une haute valeur comme bois de charpente ou de menuiserie.

(M. Mathieu de Dombasles, *Calendrier du bon Cultivateur.*)

C'est à cette culture soignée, à cet élagage pratiqué par des gens habiles (1), à cette éducation combinée qui favorise prodigieusement la croissance du chêne, et telle qu'elle est pratiquée, en Belgique, sur les immenses domaines du prince de Ligne (Eugène de Lamorald) et sur les vastes forêts du duc d'Aremberg, que nous devons ces belles et luxuriantes végétations qui font la continuelle admiration des amateurs de la silviculture de toutes les parties de l'Europe.

Si, comme nous venons de le dire, la culture du chêne, sous le rapport de l'éducation naturelle et de l'éducation artificielle, ne présente pas autant de difficultés que plusieurs agronomes et botanistes de nos jours et des temps antérieurs l'ont annoncé, il n'est donc plus besoin au silviculteur que de soins, de la persévérance et du zèle réunis à une certaine expérience, pour replanter dans nos cantons dénudés celui de nos bois durs dont la qualité est la plus utile, cet arbre dont la privation, dans peu d'années, nous rendra les tributaires de l'Allemagne et des autres contrées de l'Europe, où la silviculture, mieux entendue, et pratiquée en grand, deviendra pour ces pays une source intarissable de richesses, principalement pour les constructions navales (2); car, malgré les essais assez heu-

(1) Cette méthode, depuis fort longtemps est mise en pratique par M. Burgsdorf, l'un des plus savants forestiers de l'Allemagne.

(2) La quantité de bois employée pour les constructions navales doit être énorme, d'après les calculs suivants:

reux qu'on a tentés, jusqu'à ce jour, sur les métaux employés à la construction des coques des bâtiments à vapeur destinés à traverser les mers qui séparent l'ancien et le nouveau continent, ces innovations n'ôtent point à l'opinion des gens de mer qu'il n'en faudra pas moins plus tard, pour la sûreté des voyages, revenir à l'ancien système de constructions navales, où l'on emploie par expérience l'essence du chêne mêlée à celle des arbres résineux (1).

Reprenons; la culture naturelle du chêne, soit qu'on élève cet arbre en futaie pleine, soit qu'on veuille l'aménager en coupes à longues périodes, ne doit être pratiquée sur un vaste terrain que par un propriétaire qui peut, tous les ans, renoncer aux arrérages de la

---

Vaisseau de 1.er rang, de 90 canons, 9,000 mètres cubes de bois [équarris
Vaisseau de 2.e rang, de 80 canons, 6,500 mètres.
Vaisseau de 3.e rang, de 70 canons, 5,500 mètres.
Vaisseau de 4.e rang, 3,500 mètres.
La durée d'un vaisseau, en état de bon service, ne peut excéder 12 ou 14 ans.

(*Annales forestières*. Janvier 1842.)

(1) Nos bateaux à vapeur dont la coque est en métal, sont fort bons, sans doute, pour la navigation des fleuves, des lacs et des rivières où les eaux sont calmes; mais quelle durée auront-ils, quand ils traverseront l'Océan, au milieu des vents et des tempêtes? Les coques en bois de chêne et de sapin, si elles coûtent plus cher, dureront davantage par leur résistance, et donneront plus de sécurité aux marins, aux négociants et aux voyageurs.

rente du sol, et faire l'avance du capital consacré aux frais de clôture, de premier établissement et de garde; enfin par un propriétaire dont la fortune permet à lui ou aux siens de renoncer à cette portion de propriété pendant un temps fort long; car cette essence, en futaie pleine, ne peut réellement profiter à celui qui la plante, mais à sa troisième ou quatrième génération, c'est-à-dire au bout de cent ans et au-delà. Ce sont donc des cultures dont les derniers fruits, à l'exploitation, ne sont recueillis souvent que par des collatéraux éloignés, inconnus. Voilà un des principaux obstacles contre la culture en grand du chêne; et surtout de nos jours, que les mœurs et les habitudes des citoyens veulent des jouissances non retardées, et une fortune rapide. Pour alléger les charges du propriétaire qui renonce aux produits d'une partie de son domaine, et qui, par ses dépenses et ses travaux, a pour but un avenir éloigné, incertain, ne serait-il pas de la plus grande équité que le Pouvoir, d'accord avec nos Chambres Législatives, rendît une loi qui exemptât de l'impôt foncier cette culture (et même la culture des autres essences) pour une quotité déterminée de terrain (1), ou du moins qui en reculât la perception jusqu'à l'époque de

---

(1) En France, il y a à peine un siècle, les bois et les forêts étaient à peu près exempts d'impôts; mais aussi les anciennes ordonnances défendaient de faire sortir du royaume aucune espèce de bois ou de charbon, sous peine d'amende et de confiscation.

(Noirot. *Traité de la Culture des Forêts.*)

l'exploitation totale ou partielle de la futaie ou des coupes aménagées ?

Quant à la culture artificielle du chêne, qui demande presque chaque année, indépendamment des premiers travaux d'établissement, une certaine avance de capitaux, dépense qui pourrait devenir considérable sur un vaste domaine et ne pourrait être supportée que par un propriétaire fort riche, cette culture, disons-nous, qui hâte prodigieusement la croissance des bois et permet de rentrer plus vite dans les déboursés, ne peut être *facilement* appliquée pour *l'ordinaire* qu'à une médiocre étendue de terrain, comme à l'embellissement d'une maison de plaisance, à la décoration d'un château, à l'amélioration d'un domaine, d'une ferme, par le moyen du semis sur place, ou de la plantation à demeure.

Si la culture artificielle coûte deux tiers de plus, elle produit aussi un tiers plus vite et permet de rentrer dans le capital avec les intérêts à peu près vers l'époque que l'on exploite ordinairement les bois d'essense résineuse, c'est-à-dire de soixante-dix à quatre-vingts ans (1) : ce qui est un très-grand avantage.

---

(1) Il est vrai, les arbres résineux donnent autant de bois que le chêne, et l'exploitation s'opère au moins un tiers plus vite que le chêne, végétant abandonné à lui-même : il est vrai encore que les aiguilles qui se détachent tous les ans des essences résineuses, s'amoncellent sur le sol où elles se transforment en un excellent terreau, qui, après la coupe, change la nature du terrain et lui procure une fertilité remarquable.

La culture naturelle est plus lente dans le produit, il est vrai, mais elle coûte moins et doit aussi rapporter moins par le retard de l'exploitation, qui se trouve reculée d'environ de 30 à 60 ans, quelquefois davantage, ce qui constitue une assez notable différence pour la rentrée du capital et des intérêts : cette perte est si forte, que tout propriétaire ne la peut supporter.

De ces deux systèmes, quel que soit celui que le silviculteur adopte, il plantera ou sèmera en massif ou en bordure.

Par la plantation ou le semis en massif, le silviculteur sera privé, comme nous l'avons déjà dit, pendant un laps de temps plus ou moins long, des fruits ou des arrérages que la location du terrain peut lui procurer tous les ans.

Tandis que la plantation, ou le semis en bordure autour des champs, n'a pas cet inconvénient. Le propriétaire peut encore obtenir des récoltes annuelles, comme à l'ordinaire.

Mais, d'un autre côté, si le chêne met quelquefois cent cinquante à deux cents ans à venir, et davantage, la solidité de son bois est presque à l'épreuve du temps. Les charpentes ont souvent duré six et sept siècles. Enfoui en terre, ou caché sous les eaux, ce bois a obtenu une durée beaucoup plus longue. Comme l'aiguille des arbres résineux, la feuille du chêne fertilise le sol où elle tombe et se consomme. La différence du prix des deux essences est remarquable. Le mètre cube du chêne est estimé 108 fr., tandis que le mètre du meilleur sapin de Norwège et du pin de Riga ne dépasse guère 50 à 54 francs.

4.° *Culture du Chêne en bordure.*

La plantation ou le semis en bordure est le systême suivi, depuis le XVIII.[e] siècle, avec un remarquable succès, en Angleterre, en Belgique, en Flandre, dans le Milanais (1) et le Piémont. Entre autres avantages, il offre celui de permettre un élagage qui donne comme produit en bois, quand il est pratiqué l'hiver, et en bois et en feuillages, s'il est exécuté en automne, un assez fort bénéfice en compensation des travaux qu'il réclame : et les arbres, en outre, se développent avec une plus grande énergie en élévation et en grossissement (2).

Toutefois, nous ne devons pas laisser ignorer que la méthode d'élaguer le chêne est sévèrement blâmée par quelques agronomes et botanistes. Mais on doit considérer que ces botanistes se sont principalement élevés contre les inconvénients d'un élagage exécuté sans discernement, contraire aux principes de la physiologie végétale; car l'élagage méthodiquement pratiqué, dans les pays que nous avons déjà nommés, est la preuve la plus

---

(1) Les bois, dans le Milanais, destinés au chauffage, sont divisés en coupes réglées, qui s'exploitent quand les taillis ou les têtards ont dix ans.

(Noirot, *Traité de la Culture des Forêts.*)

(2) La croissance d'un arbre isolé est bien plus vigoureuse que celle d'un arbre de la même espèce qui croit au milieu d'un bois. Des comparaisons nombreuses prouvent que l'on pourra couper à 60 ans des arbres feuillus que l'on coupait à 120 ans dans les forêts, sans que le prix du bois diminue.

(Noirot, *Traité de la Culture des Forêts.*)

évidente que ces botanistes n'ont voulu blâmer que les inconvénients d'une pratique mal entendue, et non la pratique par elle-même (1).

Quels avantages, pour notre pays, ne résulteraient pas de l'application de la culture artificielle en bordure?... La France, de temps immémorial (2), a été couverte de vastes forêts de chênes. Les vestiges que l'on rencontre dans nos landes, quand on les défriche, viennent appuyer ce que nous avançons. Le chêne et ses variétés (3) y prospèreraient encore aussi bien que les individus de la même famille que l'on cultivait au temps des Celtes, avant et

(1) Les préjugés de quelques botanistes et de quelques physiologistes s'opposent à l'élagage en général, et particulièrement à l'élagage du chêne, sous le prétexte que les plaies, produites par cette opération, se cicatrisent difficilement sur cette espèce d'arbre.

(Hofton, *Manuel de l'Élagueur.*

(2) M. Fuster a essayé, en se servant des monuments de l'époque et des traces respectées par les âges, de reconstruire les antiques forêts de la Gaule; il en a suivi ainsi la direction dans le nord, le centre et le midi. L'auteur a poussé plus loin ses recherches, il a tâché de mesurer la surface de ces forêts; ses données approximatives l'ont conduit à penser que la Gaule primitive, du Rhin aux Pyrénées, ne contenait pas moins de 46 millions d'hectares de forêts. Tel était le climat de la Gaule, 50 ans avant l'ère de Jésus-Christ.

(*Recherches sur le climat de la France, par M.* Fuster.)

(3) Suivant Duhamel-Dumonceau (Traité des Arbres et des Arbustes), il existe en France 31 espèces et variétés de chênes. La Maison Rustique du XIX.e siècle en compte 32 espèces et variétés; M. Boistard (Culture forestière), 36; et l'Almanach du Bon Jardinier pour l'année 1843, 107 espèces et variétés.

après la domination romaine et sous le gouvernement féodal.

Pour obtenir ces avantages, il ne s'agit que de suivre un système plus rationnel, et semblable à celui que l'expérience des forestiers étrangers, depuis la fin du dernier siècle, a vainement tenté d'introduire parmi nous.

Eh! quelle contrée, en France, mieux que les cinq départements formés de l'ancienne Péninsule Armoricaine, serait susceptible d'une plus facile culture du chêne, en culture naturelle, culture artificielle, culture en bordure, par sa situation géographique, par son sol accidenté baigné de tous côtés par les flots de l'Océan, pour offrir les diverses essenses de ses bois à nos constructions navales établies dans tous les ports de son littoral (1)?...

C'est dans ces lieux éloignés, dont un tiers du sol ne produit que des bruyères, chétif aliment d'un bétail aux formes amaigries, que l'administration supérieure devrait prescrire de sérieuses études pour la régénération de l'essence du chêne (2). Sur ce sol âpre, battu des orages et des vents, entrecoupé de collines et de vallons, il est reconnu que le chêne acquiert un tissu plus serré, plus dur, plus élastique, et, en un mot, une

---

(1) Brest, Lorient, Nantes, Indret, Paimbœuf, Saint-Malo, Saint-Servant; Brest surtout, que ses vastes et nombreux bassins ont rendu le plus beau port de l'Europe, sinon des deux continents.

(2) Cette opinion est encore celle de nos collègues du Congrès agricole de Bretagne, exprimée par les vœux consignés dans le procès-verbal qui a été dressé à Vannes, où s'est tenue la première réunion, le 20 septembre 1843.

qualité supérieure que l'on ne rencontre dans aucune autre région de la France.

En Bretagne, sur une étendue approximative de 2,894,878 hectares, on compte encore 948,528 hectares en landes, c'est-à-dire à peu près un tiers du sol resté improductif. Sur cette immensité, quelle quantité est plantée en futaies pleines? Il n'est guère possible d'en dire le chiffre précis. Si nous voulions juger par analogie, nous dirions : le département de la Loire-Inférieure, subdivisé en cinq arrondissements, présente en chacun : (1)

	Superficie.	*Bois futaies.*
Ancenis (2)	57,477 hect. 85.70 —	42. 54.20
Châteaubriant.	91,087 — 89.61 —	141. 27.73
Nantes.	136,199 — 78.21 —	228. 69.25
Paimbœuf.	69,336 — 90.55 —	92. 91.23
Savenay.	160,550 — 05.31 —	2,257. 82.91
[illegible]	514,652 — 49.38	2,763. 25.32

C'est donc en futaies la 183.e partie (3) du sol du département. Cette portion est faible. Eh bien, supposons que ce chiffre de 2,763.25.32. soit doublé dans chacun

(1) Essai sur la statistique de la Loire-Inférieure en 1843, par M. Neveu-Derotrie, inspecteur d'agriculture du département.

(2) Essai sur la statistique agricole de la Loire-Inférieure, par M. Neveu-Derotrie. 1843.

(3) Le sol forestier occupe en France 7,800,000 hectares sur une superficie de 52,768,600 hectares, ainsi qu'il résulte des relevés du cadastre. C'est du 1/6 au 1/7.

(*Voyages agronomiques en France*, *par* Lullin de Chateauvieux.)

des quatre autres départements de la Bretagne, ce ne serait encore que 24,869.27.88. pour toute l'étendue de la Péninsule Armoricaine, qui compte 948,528 hectares de landes. Ce chiffre est encore minime. Qu'on retranche un quart de la contenance de ces landes, ou 237,132 hectares, et qu'on le destine à la culture du chêne, quel immense trésor se formeraient l'État et les citoyens, dans un siècle de cette époque, en supposant par chaque hectare 250 arbres, et chaque arbre à 30 fr. le brin (1)!......

D'après ce calcul, ce serait encore un produit moyen de 75 francs par an pour l'hectare, sans compter les bénéfices que le propriétaire pourrait retirer, soit de l'élagage, du nettoiement, en même temps que de l'arrachis des jeunes chênes qu'on pourrait opérer pendant les dix premières années, et qui seraient vendus plus

(1) L'estimation de M. Noirot diffère de la nôtre. Nous allons la faire connaître.

Ce savant forestier dit que, dans les vallées du canal du centre et en Alsace, l'hectare contient 160 chênes à l'âge de 150 ans, et que ces arbres fournissent en bois le volume suivant :

Par chêne, 40 pieds cubes de bois de service. Pour 160.	6,400
40 pieds cubes de découpe par arbre, moins un quart pour les vides. Pour 160.	4,800
27 pieds cubes en branchage, par arbre. Pour 160.	2,800
Les petits arbres produisent.	600
Total en pieds cubes.	14,680

A 1 fr. 25 le pied cube, ce serait 18,350 fr. par hectare, valeur plus que double de celle que nous donnons.

ou moins cher, suivant l'élévation et la grosseur des sujets; ils pourraient servir à planter d'autres terrains. En évaluant à 1,000 francs ces bénéfices, l'hectare, au bout de 100 ans, produirait un chiffre de 8,500 f. (1), ou, pour les 237,132 hectares, la somme de 2,015,622,000 francs.

Tandis que ces 237,132 hectares, affermées au prix ordinaire de 10 fr. par hectare, ne produiraient, pendant 100 ans, qu'une somme de 237,132,000 fr. La différence en perte serait donc de 1,991,908,800 fr. (2)

---

(1) TABLEAU DE M. NOIROT, DANS SON TRAITÉ SUR LES FORÊTS.

AGE des taillis et de la futaie à l'époque des éclaircies.	NOMBRE des brins restants après chaque éclaircie.	PRODUIT de chaque coupe en argent.	NOMBRE des années pendant lesquelles l'intérêt est cumulé.	PRODUIT avec intérêt cumulé à 4 p.r 100 jusqu'à la fin de la révolution de 100 ans.
10	»	60 f.	90	2,046
20	4,000	120	80	2,764
30	2,000	150	70	2,334
40	1,200	180	60	1,893
50	950	250	50	1,776
60	750	350	40	1,680
70	650	450	30	1,459
80	500	550	20	1,205
90	350	600	10	888
100 (coupe définitive.)	300	7,500	»	7,500
		10,210 f.		23,545

(2) Des 948,528 hectares de landes en Bretagne, supposons :

Indépendamment des landes et des autres terres vaines et vagues, terres à peu près inutiles ou d'une culture dispendieuse, dont les propriétaires peuvent disposer pour l'éducation de cette essence, ne serait-il pas encore convenable de proposer aux Chambres de rendre une loi qui obligeât tous les propriétaires, dans un but d'utilité publique, de planter en chênes, à 15 mètres (1) espacés les uns des autres, les revers intérieurs des fossés de leurs champs.

Sur une ligne de 4,000 mètres, cette plantation donnerait de chaque côté de la voie un chiffre de 266 arbres, autant de l'autre côté, ou 532, sans nuire en aucune façon, ni à la viabilité des routes, ni à la culture des céréales, des plantes fourragères, des prairies, des vergers et des vignes (2).

1/4 en bois futaies, produit annuel à 75 fr......	17,784,905 fr.
1/4 en prairies et pacages, produit annuel 100 f....	23,713,200 fr.
1/2 en terres à labour à 40 fr. l'hectare.........	7,485,280 fr.
En produit annuel, c'est donc....................	56,983,385 fr.

Et, au bout de 100 ans, c'est 5,698,338,500 fr.

(1) *Arbores raris intervallis serito, ut cum creverint spatium habeant quo ramos extendant.... Itaque placet inter ordines quadragenos pedes minimum que tricenos relinqui.*

(*L. Junii moderati* Columellæ *de rustica, liber de arboribus.*)

(2) Cordier, dans son mémoire sur l'agriculture en Flandre, rapporte que les habitants entourent leurs champs et leurs prairies d'arbres de haute futaie dont la croissance est *prodigieuse*, et qui

Par ce système de plantation, on pourrait, sur les seules bordures des chemins, réunir, par myriamètre carré, une quantité de 2,128 chênes d'une belle venue, et qui tous seraient destinés aux constructions civiles, militaires et navales de l'État, quand les propriétaires n'auraient pas manifesté l'intention de les employer, pour leur propre compte, à des travaux civils que réclament les besoins de l'agriculture et du commerce.

Nous convenons que, dans ce siècle, où l'accroissement de la population en notre pays se fait remarquer de plus en plus chaque jour, non-seulement dans les villes, mais encore dans les communes rurales, il est de l'intérêt des cultivateurs et des propriétaires de livrer les terres de leurs domaines à une culture dont les produits s'écoulent facilement et soient d'un grand profit, plutôt que de cultiver des essences dont la valeur dernière ne rentre qu'après un siècle ou un siècle et demi.

Mais la méthode de culture artificielle du chêne en bordure que nous avons indiquée, offre de si nombreux avantages aux planteurs, qu'elle doit mériter la préférence sur toutes les autres.

---

valent chacun 40 fr. au bout de 40 ans. *L'élagage paie au-delà de la rente de la terre*, et la récolte est plus abondante que si le sol était nu. Dans le pays de Caux, en Normandie, les cultivateurs ont imité, avec un rare succès, le mode de plantation pratiqué en Flandre. Cet exemple a encore été imité aux environs de Mayenne, d'Ambrières, d'Ernée et en général dans le département de la Mayenne, de Maine-et-Loire, de la Vendée et dans les contrées voisines.

En effet, pour assurer le succès de la plantation ou du semis, il s'agit de planter ou de semer dans une fosse de grandeur convenable, ouverte six mois ou un an à l'avance (1) : *ce travail est facile et la dépense est peu coûteuse*; préférer le plant de huit ans ou dix ans. Quelques bêchures légères en temps opportun, avec l'entretien d'un pieu entouré d'épines pour défendre l'arbre; puis l'élagage, qui doit être exécuté avec autant de discernement que de modération (2). Pour ce qui concerne l'élagage, cette éducation regardée par certains botanistes, comme une opération pernicieuse en ce qu'elle retranche une partie du branchage que la nature avait accordé à l'arbre, nous répèterons de rechef qu'il n'en faut pas moins convenir, d'un autre côté, que les maîtres de la science dendrologique, les Buffon, les Duhamel-Dumonceau, et tant d'autres qu'il serait trop de citer, sont d'un avis contraire (3). Ces derniers prétendent qu'un élagage judicieux, pratiqué quand il est nécessaire, bien loin de nuire au végétal soumis à cette opération, n'a pour résultat que d'exciter la circulation

(1) Quelques cultivateurs préfèrent déposer les glands, au nombre de 3 ou 4, dans de petites fosses creusées avec la pioche.

(Desfontaines, *Histoire des arbres et des arbrisseaux.*)

(2) On ne doit élaguer les chênes que dans leur jeunesse, et encore faut-il user de beaucoup de ménagements.

(Desfontaines, *Histoire des arbres et des arbrisseaux.*)

(3) Buffon, tome 6; Duhamel-Dumonceau, Traité des arbres et des arbustes; Miller, Traité du jardinage; Juge de Saint-Martin, Traité de la culture du chêne; Hotton, Manuel de l'Élagueur; Becker; Burgsdorf.

de la sève avec plus de rapidité (1), non-seulement dans les branches et le tronc de l'arbre, mais aussi de la faire refluer vers les racines, qu'elle développe, et qu'elle force de s'allonger et de s'insinuer à travers les pierres et les terres, afin de pouvoir y puiser une substance plus assimilable aux éléments de sa constitution (2).

Nous répèterons encore, pour appuyer le système des plantations en bordure, le chêne qui vient en ligne, qui croît isolé sur les fossés, où il reçoit de tous côtés, à chaque instant du jour et de la nuit, dans toutes les saisons, les variations de la température, n'en profite que mieux, soit en élé-

---

(1) Sur le champ du Bignon, en Sautron, on distingue sur le fossé du Nord, auprès des Croix, quelques jeunes chênes et ormeaux qui ont été élagués en 1841, par notre collègue, M. Neveu-Derotrie. Ces arbres sont remarquables aujourd'hui par la vigueur de leur croissance, parmi les autres non élagués au milieu desquels ils se trouvent.

(2) Suivant Sir John Saint-Clair, on peut retirer une grande utilité de la feuille des arbres pour la nourriture des bestiaux. M. Noirot, dans le Traité de la Culture des Forêts, fait mention de la feuille des arbres comme une excellente nourriture pour le bétail et surtout pour les moutons. Les feuilles servent dans le Maine à faire des engrais, et dans la Bourgogne à nourrir le gros et le menu bétail. En Lombardie, à Naples, en Toscane, on plante des arbres sur les fossés, qui soutiennent les vignes, et procurent du bois pour le chauffage et des feuilles pour les bestiaux. Cueillies en août et en septembre, elles sont entassées en des tonneaux où elles sont couvertes de terres, pour les préserver du contact de l'air et les conserver fraîches toute l'année. Cet usage est encore suivi en Flandre et dans les cantons de la Suisse.

vation, soit en grossissement, et ce bois, soit qu'il provienne d'un chêne soumis à une coupe périodique, soit qu'il provienne d'un plant que le propriétaire destine à l'état de futaie, ce bois, disons-nous, sera préféré (1) par sa qualité à tous les autres bois de pareille essence, même à ceux de belle venue élevés en massif sur un bon fond (2).

La méthode de planter en bordure offre *avec peu de dépenses un moyen simple, à la portée de tous*, de garnir de bois précieux et d'embellir un domaine de plantations très-pittoresques, qui ont l'avantage d'ajouter à la fertilité (3) du sol, en entretenant une sorte de ventilation continuelle, et en préservant, par l'élévation des tiges et l'ampleur des branchages, les champs et les récoltes de la violence des vents et du ravage des tempêtes.

L'excellence de cette méthode, nous le répétons de nouveau, a été *reconnue* dans toutes les contrées de l'Europe où l'agriculture et surtout la silviculture sont poussées au plus haut degré de perfection. On conçoit

---

(1) Ce bois est remarquable par ses fibres, fortes, souples, bien filées, vigoureuses et rapprochées les unes des autres.

(Juge de Saint-Martin, *Traité de la culture du chêne.*)

(2) Noirot; Juge de Saint-Martin; Duhamel-Dumonceau; de Perthuis (*Traité de l'aménagement des bois et forêts en France.*)

(3) Les arbres plantés dans les haies à une égale distance, forment une magnifique décoration et donnent un abri. Il faut les faire élaguer avec soin jusqu'à une certaine hauteur, de sorte qu'ils ne puissent nuire ni aux récoltes ni aux plants et arbrisseaux placés aux deux côtés.

(Sir John Sinclair, *Agriculture pratique et raisonnée*).

que nous voulons parler de l'Allemagne, c'est-à-dire de toute cette région comprise entre la mer Baltique, le Niemen et le Dnieper, la mer Noire, le Danube, le golfe Adriatique, la Suisse, le Rhin et l'Océan, région plane, région vaste, où l'éducation et l'aménagement des bois est un des points les plus importants de la science de l'agronomie. A leur exemple, d'autres contrées voisines, la Belgique, la Flandre, l'Angleterre, l'Écosse, le Milanais et le Piémont, se sont promptement emparés de cette méthode si simple, si rationnelle. Leurs champs, quelle qu'en soit l'étendue ou l'exiguité, la régularité ou l'irrégularité, sont entourés d'un cordon d'arbres. Ordinairement, ce sont des chênes, plantés à une égale distance sur la ligne des clôtures, et qui sont soumis à un élagage judicieux, dans leur jeunesse.

Armé d'une serpe d'une forme spéciale, l'élagueur dresse une échelle au pied de l'arbre; quelques minutes suffisent pour achever l'opération. Si le chêne est trop élevé et que le bucheron ne puisse se procurer d'échelle de la dimension voulue, il adapte à ses pieds une sorte de crochets très-acérés, il suspend sa serpe en bandoulière, à l'aide d'une courroie; grimpe avec une agilité singulière et retranche au chêne les branches qui le surchargent et lui sont inutiles (1).

Tels sont les procédés si simples employés avec un rare avantage, depuis le commencement du siècle, en Belgique et en Flandre, pour l'éducation des belles et vastes

(1) (Hotton, *Manuel de l'Elagueur*).

forêts que possèdent le prince de Ligne et le duc d'Aremberg.

Après les succès que ces deux riches propriétaires viennent d'obtenir à grands frais sur leurs forêts, et dont les dépenses seront amplement remboursées par la croissance et la beauté de la végétation, et surtout par la qualité supérieure du bois (1), quel est le propriétaire en France qui, connaissant les méthodes et les succès des forestiers du Nord, hésiterait maintenant à faire exécuter sur ses forêts les procédés indiqués par la méthode allemande ?...

Cependant nous ne devons pas omettre de dire que, dans les forêts situées dans les départements de l'Est, qui comprennent les provinces de Bourgogne, d'Alsace, de Franche-Comté et de Lorraine, lieux où elles sont soumises à une éducation régulière, à un aménagement judicieux, fruits d'une longue et sage expérience, et principalement sur les montagnes du Jura, et des environs, on remarque une énorme différence, dans le rendement, entre ce système et celui que l'on pratique sur les autres points de la France; notamment en notre pays de Bretagne, où il est totalement défectueux sur la petite étendue de terre où l'on cultive encore l'essence du chêne (2). Si cette science n'est pas ignorée parmi nous, comme on doit le penser, elle est du moins

(1) Avec le produit annuel des feuilles et des recoupes, il faut noter aussi la glandée, le pâturage et le droit de chasse, qu'on peut estimer au moins cinq francs par hectare.

(2) L'application de nos lois forestières n'a point empêché l'a-

négligée avec une incurie (1) qui ne peut faire honneur à une province regardée par les autres comme l'une des plus avancées dans la science de l'agriculture.

Supposons maintenant que l'administration supérieure, convaincue de tous les avantages que nous venons d'énumérer, adopte le système de plantation de chênes en bordure sur les fossés des champs, le long des voies de communication de toute nature, et de toute largeur, quel immense espace planté en futaies il en résulterait pour le service de la France, *sans qu'il en coutât beaucoup de dépenses à chaque propriétaire,* et sans qu'on retranchât non plus beaucoup de terrain à la culture ordinaire?...

---

néantissement des forêts de la Bretagne, aujourd'hui remplacées par des bruyères.

(Noirot, *Introduction du Traité de la Culture des Forêts.*)

(1) En adressant cette réflexion à la culture forestière des particuliers, nous n'entendons nullement en faire un reproche à l'administration des Eaux et Forêts, dont le zèle et les lumières luttent, autant qu'il est permis, contre l'insouciance du siècle et la négligence des propriétaires.

Depuis la création de l'École Forestière fondée à Nancy en 1825, l'administration des Eaux et Forêts commence à progresser. En France, les progrès sont lents. Espérons donc. Et, en attendant, nous citerons comme étant dans la voie, l'aménagement et l'exploitation d'une des plus belles et plus vastes forêts de notre Bretagne : elle contient 4,500 hectares. La forêt du Gâvre (arrondissement de Savenay, Loire-Inférieure), grâce à l'application de la méthode allemande, pratiquée depuis 1830 et aux lumières de l'inspecteur M. Fleuriot, présente un des plus beaux et des plus productifs aménagements qu'on puisse désirer.

Comme exemple, nous nous empresserons de citer le département d'Ille-et-Vilaine. Il fournit, pour les constructions maritimes des vaisseaux de guerre et des bâtiments de la marine marchande du plus fort tonnage, une quantité considérable de chênes très-estimés qui sont élevés en bordure le long des champs et des routes : et ces arbres ne nuisent point aux diverses récoltes, non plus qu'à la viabilité des routes.

Dès l'année 1720, la longueur des routes publiques était estimée se prolonger au-delà de 6,000 lieues. Depuis 143 ans, par suite de l'ouverture des routes nouvelles, royales et départementales, entre les 32 provinces et Paris, et entre la capitale et les chefs-lieux des 86 départements, et les chefs-lieux des 365 arrondissements, et des arrondissements avec les 2,696 cantons, et des cantons avec les 39,714 communes, cette longueur aujourd'hui, avec les routes stratégiques et les chemins de fer, doit dépasser 150,300 myriamètres, espace qui équivaut à près de 375,750 lieues anciennes.

Les bordures en chênes plantés à des intervalles convenablement espacés, pour ne pas nuire, ne seraient-elles pas encore le plus bel ornement de nos voies de communication et surtout de certaines lignes de nos chemins de fer, toutes les fois que la nature et la situation du sol le permettraient?...

La méthode de planter en bordure ne serait-elle pas un *moyen facile de multiplier sur tous les points de la France*, au nord, au sud, à l'est, à l'ouest, sur les chaînes de montagnes, dans les vallées, au sein des plaines, cette belle, *cette immense variété de la famille du chêne*, non-seulement du chêne de l'Europe, mais encore du chêne de l'Asie et du chêne de l'Amérique (1)?...

---

(1)

Chênes de l'ancien continent à feuilles tombantes.	1.° Chêne pédonculé. Quercus pedunculata. 2.° Chêne rouvre. Q. robur. Beaucoup de variétés. 3.° Chêne chevelu. Q. cerris. Plusieurs variétés. 4.° Chêne de l'Apennin. Q. Apennina. 5.° Chêne de Portugal. Q. Lusitanica. 6.° Chêne tauzin. Q, tauza. Plus. variétés. 7.° Chêne pyramidal. Q. fastigiata. 8.° Chêne velani. Q. ægylops. 9.° Chêne grec. Q. esculus. 10.° Chêne des teinturiers. Q. infectoria.
A feuilles persistantes.	11.° Chêne yeuse. Q. ilex. Variétés. 12.° Chêne au kermès. Q. coccifera. 13.° Chêne liége. Q. suber. Variétés. 14.° Chêne à glands doux. Q. ballota.
Chênes du nouveau continent à feuilles tombantes.	1.° Chêne blanc d'Amérique. Q. alba. 2.° Chêne à gros fruits. Q. macrocarpa. 3.° Chêne oliviforme. Q. olivæ formis. 4.° Chêne en lyre. Q. lyrata. 5.° Chêne étoilé. Q. stellata. 6.° Chêne écarlate. Q. coccinea. 7.° Chêne Baunter. Q. Banisteri. 8.° Chêne de Catesby. Q. Catesbæi. 9.° Chêne quercétroa. Q. tinctoria. 10.° Chêne noir. Q. nigra. 11.° Chêne des marais. Q. palustris. 12.° Chêne châtaignier. Q. castanea. 13.° Chêne bicolore. Q. bicolor. 14.° Chêne des montagnes. Q. montium. 15.° Chêne prin. Q. prinus. Variétés. 16.° Chêne à lattes. Q. nubricaria. 17.° Chêne saule. Q. phellos. Variétés.
A feuilles persistantes.	18.° Chêne vert de la Caroline. Q. virens. 19.° Chêne rouge. Q. rubra.

Loin de voir approcher, avant peu d'années, l'instant où nous serons forcés d'aller demander des bois de chêne à nos voisins pour nos constructions civiles, militaires et navales, nous pourrions leur en offrir en échange des autres produits de leur sol. Que disons-nous, aller demander des bois à nos voisins! Est-ce que depuis plus d'un demi-siècle nous ne manquons pas de cette essence précieuse (1)?... Le sapin de Norwège et de Russie, le pin d'Écosse et de Livonie, sont et seront encore pendant longtemps les seuls matériaux que nos architectes seront contraints d'employer, faute d'autres, dans la construction de nos maisons, de nos palais, de nos édifices. Ce bois, il est vrai, coûte moitié moins cher que le chêne (2). Il est plus léger. Le transport s'o-

(1) D'après les documents de l'administration des douanes pour l'année 1841, il résulte que l'*importation* des essences feuillues et résineuses s'est élevée au chiffre énorme dont le détail suit, savoir:

En bois de mâture et de construction........	24,565,309 fr.
En merrains........................	4,777,945
En bois de chauffage..................	3,020,793
TOTAL..................	32,364,047 fr.

(*Annales forestières*, janvier 1842.)

(2) La comparaison du produit en qualité, et par conséquent en argent, du bois de chêne comparé au bois de pin, est, comme on le sait, de plus de moitié; d'où il résulte qu'il sera toujours plus avantageux à chances égales de succès, c'est-à-dire dans un sol où le chêne et les pins réussiraient également, de cultiver le chêne. MM. de Perthuis père et fils sont les seuls auteurs, à notre

père plus facilement, à moindres frais; la main-d'œuvre exigeant moins de travail, est aussi moins coûteuse. Mais, d'un autre côté, quelle est la durée de ces bois employés en grosses charpenteries?... Notre expérience jusqu'à présent n'a pas été à même de donner une solution qu'on puisse considérer comme définitive. Si l'on s'en rapporte à des expériences constatées en pays étrangers, la durée des bois d'essence résineuse ne doit excéder 40 à 50 ans. Si de tels faits venaient à se reproduire parmi nous, aujourd'hui, que l'industrie et l'accumulation des capitaux engagent les spéculateurs à se livrer à la partie des constructions dans les villes, ce serait une calamité que d'employer des bois dont la durée, quand ils ne sont pas préservés du contact des variations atmosphériques, est aussi courte... Quel est le capitaliste qui, le sachant, voulût faire emploi de ses fonds en des constructions dont la durée serait à peu près égale à la vie moyenne de l'homme?...

C'est pourquoi la culture du chêne, dont l'utilité a été si justement appréciée par les forestiers de l'Europe, vient de recevoir, chez nos voisins d'outre-mer et d'une manière toute spéciale, une belle, une notable récompense.

L'Angleterre a toujours senti l'importance des plantations et les avantages inappréciables qu'elle peut retirer de l'éducation des bois et des forêts. Tandis que les

---

connaissance, qui aient émis cette opinion, et qui l'aient appuyée sur des faits irrécusables.

(*Manuel du Cultivateur forestier*, par Boitard; chez Roret. Paris, 1834.)

autres peuples signalaient par l'érection de superbes monuments, leurs grands événements, leurs triomphes et leurs conquêtes, la nation anglaise honora d'une médaille simple, mais glorieuse, un lord qui, dans un vaste domaine, s'est livré toute sa vie à la semence du gland (1). Ce peuple a vu, dans l'éducation du chêne, c'est-à-dire du plus précieux, du plus utile des arbres feuillus, des ressources infinies pour une construction navale qui doit se renouveler souvent, s'il veut, par ses flottes nombreuses, conserver, à l'exemple des peuples de Tyr, de Carthage et des Venètes, une immense puissance sur les mers.

Puisse cet exemple trouver des imitateurs dans notre pays. Pourquoi donc, indépendamment de l'exemption d'impôt sur le sol consacré à la culture du chêne, indépendamment des primes accordées, et des avances de fonds, le gouvernement ne viendrait-il pas encore, par une récompense nationale digne de la France, encourager parmi nous la création d'une culture précieuse, culture qui, dans un siècle, pourrait lui assurer sur les mers une puissance sans égale et une influence prodigieuse pour le commerce et la civilisation du nouveau et de l'ancien continent ?

Nous serions heureux, si un jour les silviculteurs, frappés de la vérité de ces réflexions et abandonnant leurs anciennes pratiques, demeuraient convaincus,

(1) Cette médaille portait en inscription : Au duc de Bedfort, pour avoir semé du gland.

avec nous, que, de tous les arbres feuillus, le chêne est celui qui réussit, à peu près, dans tous les sols;

Que le chêne, à l'état de plant ou de semis, prospère, sans aucune différence, sur un fond qui a déjà porté des chênes en futaies ou en taillis;

Que le chêne, planté ou semé en massif, est un arbre d'un grand produit;

Que le chêne, planté ou semé en bordure, le long des champs et des routes, donne des bois d'une qualité supérieure et croît plus vite, sans nuire aux récoltes;

Que l'éducation artificielle du chêne, si elle exige des frais nombreux et dispendieux, ces frais sont compensés par une plus belle végétation; et le chêne donne un bois plus souple et un tiers plus vite;

Enfin, que le sol accidenté de notre pays de Bretagne est un des plus favorables à la culture de cette essence.

Aux Croix, septembre 1842.

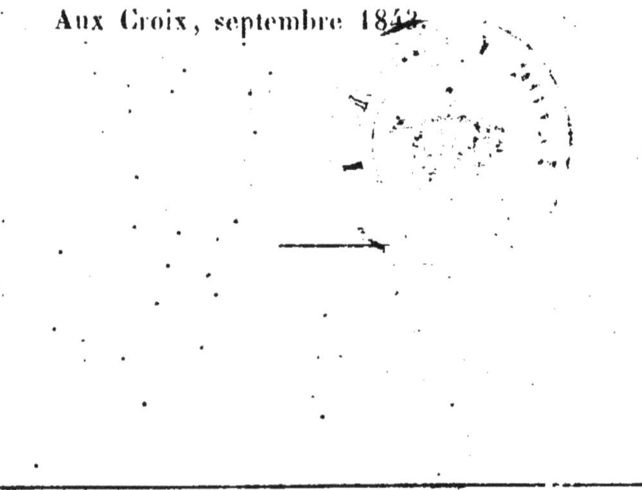

NANTES, IMPRIMERIE DE M.me V.e CAMILLE MELLINET. — 39,530.

www.ingramcontent.com/pod-product-compliance
Ingram Content Group UK Ltd.
Pitfield, Milton Keynes, MK11 3LW, UK
UKHW021651260726
13994UKWH00003B/1407